Oliver Schirmer

Das Haber-Bosch-Verfahren zur Ammoniaksynthese

GRIN Verlag

Bibliografische Information der Deutschen Nationalbibliothek:

Die Deutsche Bibliothek verzeichnet diese Publikation in der Deutschen National-
bibliografie; detaillierte bibliografische Daten sind im Internet über http://dnb.d-
nb.de/ abrufbar.

Impressum:

Copyright © 2002 GRIN Verlag GmbH
Druck und Bindung: Books on Demand GmbH, Norderstedt Germany
ISBN: 978-3-656-89924-2

Dieses Buch bei GRIN:

http://www.grin.com/de/e-book/17854/das-haber-bosch-verfahren-zur-ammoniak-
synthese

Technikwissenschaftliche Anteile
„Entwicklung der exakten Naturwissenschaften und Technik von der Dampfmaschine bis zur Raumfahrt im 20. Jahrhundert"

Wintertrimester 2002

Das Haber-Bosch-Verfahren zur Ammoniaksynthese

Vorgelegt von:

Oliver Schirmer
SWI 2000
5. Trimester

Inhaltsverzeichnis

A. Die Notwendigkeit der Ammoniakgewinnung

Die Entwicklung der Dampfmaschine und die daraus folgende Industrialisierung
Europas und später der ganzen Welt hatte weitreichende Auswirkungen auf das
Bevölkerungswachstum. Die Lebensqualität verbesserte sich und die
Weltbevölkerung stieg kontinuierlich an. Zu Beginn des 20. Jahrhunderts ergab
sich das Problem der Lebensmittelversorgung der Bevölkerung. Es mussten Mittel
und Wege gefunden werden, mit deren Hilfe aus den vorhandenen
landwirtschaftlich genutzten Flächen qualitativ und quantitativ höhere Erträge
erzielt werden konnten. Schon zu Beginn des 19.Jahrhunderts war den Gelehrten
klar, dass die aus dem Boden entnommenen Nährstoffe, jenem auf einer anderen
Weise wieder zugeführt werden mussten. Der Boden wurde mit „Kompost und
Exkrementen" gedüngt, um den erforderlichen Stickstoff zuzuführen. Da dies aber
im Laufe der Zeit nicht mehr ausreichte, forschte man auf diesem Gebiet und kam
zu der Erkenntnis, dass Ammoniak und der darin gebundene Stickstoff eine
Lösung darstellte. Ammoniak fiel seit dem 19.Jahrhundert als Nebenprodukt in
Kokereien an, es war aber aufgrund der steigenden Nachfrage notwendig, diese
chemische Verbindung industriell aus den Elementen herzustellen. Es begann ein
langer Weg der Suche nach geeigneten Mitteln und Methoden zur
Ammoniakherstellung.
In dieser Arbeit wird der Weg von der Ammoniaksynthese bis hin zum Haber –
Bosch – Verfahren[1] dargestellt. Der Leser soll einen Einblick in die Herstellung
von Ammoniak gewinnen und außerdem soll er mit den Problemen konfrontiert
werden, die Fritz Haber und Carl Bosch zu überwinden hatten.
Die Arbeit ist in die Teile A, B, C, D und E gegliedert. Der erste Teil soll den
Leser zum Thema hinführen und das Ziel sowie die Gliederung der Arbeit
verdeutlichen. Im Teil B; der als Kern das Haber – Bosch – Verfahren beinhaltet,
wird mit Hilfe der Biographien von Fritz Haber und Carl Bosch dem Leser ein
Eindruck über das Leben der beiden Nobelpreisträger und die damit verbundenen
Einflüsse auf ihre Arbeit vermittelt. Weiterhin wird die Ammoniaksynthese und
deren Voraussetzungen behandelt. Ein Exkurs mit dem Thema „Katalysatoren"

---

[1] Vgl. Neumüller, Otto – Albrecht: Römpps Chemie – Lexikon H – L. Bd. 3, 8. neubearbeitete und erweiterte Auflage, Stuttgart 1983, S. 1585 – 1586.

soll dem Leser einen Überblick über die katalytische Wirkungsweise verschaffen und die Notwendigkeit der Katalysatoren darlegen. Danach wird „Habers Weg zum Ziel" beschritten, bei dem die erlangten theoretischen und praktischen Erkenntnisse umgesetzt wurden. Bei der großtechnischen Umsetzung der Ammoniaksynthese, mit der Carl Bosch beauftragt wurde, gab es verschiedene Kernprobleme, die angesprochen werden und deren Lösungsweg ein wichtigen Schwerpunkt der Arbeit darstellt. Abgeschlossen wird der Hauptteil mit der Ammoniaksynthese im Überblick nach dem Haber-Bosch-Verfahren.

Der Teil C schließt die Arbeit mit einem Ausblick auf die weitere Entwicklung der Ammoniaksynthese und einer Zusammenfassung ab. Die Teile D und E beinhalten das Literaturverzeichnis bzw. das Internetverzeichnis. Als Grundlage für diese Arbeit dienten, wie schon angedeutet, Literatur - und Internetquellen. Das Internet wurde überwiegend zur Beschaffung von allgemeinen Informationen genutzt und um einen Überblick über das Thema zu bekommen. Hauptsächlich basiert die Arbeit aber auf Literatur, da diese detaillierter war und somit einen besseren Einblick in den Sachverhalt ermöglichte. Als wichtigste Literatur sind die Werke von Margit Szöllösi – Janze und Dietrich Stoltzenberg zu nennen, welche sich ausführlich mit dem Leben, Wirken und Schaffen von Fritz Haber beschäftigen. Zur Darstellung der Problematik, mit der sich Carl Bosch beschäftigte, war die Nobelpreisrede von ihm aus dem Jahr 1932 sehr hilfreich und wurde in ihren wesentlichen Aussagen eingearbeitet. Im Hauptteil der Arbeit erkennt man eine Polarisierung zwischen der Arbeit Boschs und Habers. Dies war möglich, da die Arbeiten der beiden Wissenschaftler bei der Entwicklung des Haber – Bosch – Verfahrens zeitlich hintereinander und getrennt stattfanden.

B. Die Entwicklung des Haber – Bosch – Verfahrens zur Ammoniakgewinnung

I. Fritz Habers Lebensweg

Fritz Haber wurde am 9.12.1868 als Sohn einer jüdischen Kaufmannsfamilie in Breslau geboren. Schon kurz nach seiner Geburt, starb am 31.12.1868 seine Mutter an den Spätfolgen der Geburt. Der Tod seiner Mutter sollte das Verhältnis zu seinem Vater trüben, da der den kleinen Fritz für den Tod seiner Frau indirekt verantwortlich machte[2], was später immer wieder zu Spannungen zwischen Fritz Haber und seinem Vater führen sollte.

Fritz Haber verlebte eine recht unbekümmerte Kindheit, da die Familie finanziell gut gestellt war. In seiner Schulzeit fiel er nicht besonders positiv auf ,er war ein durchschnittlicher Schüler, der in naturwissenschaftlichen Fächern größeres Interesse zeigte als in Sprachen[3]. Als 17-jähriger beendete er seine Schulzeit im Jahre 1886 mit dem Abitur. Während seiner Jugendzeit hatte sich Haber den Beruf eines Chemikers ausgesucht und obwohl sein Vater wollte, dass er einen kaufmännischen Beruf erlernt, begann Fritz Haber 1886 ein Chemiestudium in Berlin.

Sein Chemiestudium wurde durch den Militärdienst 1888/89 unterbrochen. Als Einjährig – Freiwilliger mußte er anstatt der üblichen drei Jahre nur ein Jahr dienen. Dies wahr ein Privileg für Personen, die eine bestimmte Bildungsqualifikation hatten und aus dem wohlhabenden Bürgertum stammten. Die Einjährigen mußten sich selbst einkleiden, ausrüsten und versorgen, eine Voraussetzung, die vom Vermögen der Eltern abhängig war. Haber bezeichnete seine Militärzeit als sehr schöne Zeit in seinem Leben und da ihm das Militär gefiel, wollte er Reserveoffizier werden. Er erfüllte alle Voraussetzungen aber aufgrund seiner jüdischen Herkunft war es ihm untersagt, den Dienstgrad eines

---

[2] Vgl. Stoltzenberg, Dietrich: Fritz Haber: Chemiker, Nobelpreisträger, Deutscher, Jude. Weinheim, 1994, S.15.
[3] Vgl. Stoltzenberg: Haber, S.16 – 21.

Offiziers zu tragen[4]. Haber schied als Vizewachtmeister mit der Qualifikation zum Reserveoffizier aus dem aktiven Dienst aus und setzte sein Chemiestudium in Heidelberg und Zürich weiter fort. Er promovierte 1891 in Berlin.

Im Jahre 1993 konvertierte Fritz Haber zum protestantischen Glauben. Die Gründe für jenen Schritt sind sehr verschieden. Der Übertritt zum protestantischen Glauben fiel nicht zufällig in die Zeit der zweiten antisemitischen Welle im Kaiserreich. Schon in seiner Kindheit und beim Militär mußte Haber aufgrund seiner jüdischen Herkunft leidvolle Erfahrungen machen. Andererseits war der Glaube für ihn nicht von primärer Bedeutung und die Konversion zum Teil auch ein Akt der Verbundenheit zum deutschen Kaiserreich[5]. Er wollte in seinem Leben noch viel erreichen und die jüdische Herkunft konnte dies verhindern bzw. einschränken. Der Übertritt konnte seine Herkunft nicht verstecken, er konnte sie aber verschleiern.

Nachdem Fritz Haber sein Chemiestudium erfolgreich beendet hatte, trat er 1894 eine Assistentenstelle an der Technischen Hochschule in Karlsruhe an und arbeitete dort vorerst auf dem Gebiet der Brennstoffchemie. Er verbrachte 17 Jahre an der Universität in Karlsruhe und bezeichnete sie als die 17 besten Arbeitsjahre seines Lebens[6]. Man spricht auch von der sogenannten „ Karlsruher Glanzzeit“[7]. 1898 wurde Haber zum außerordentlichen Professor der Technischen Chemie ernannt und veröffentlichte auch einige Lehrbücher, wie zum Beispiel „Grundriß der praktischen Elektrochemie“ oder „ Thermodynamik technischer Gasreaktionen“[8]. Hier wird auch schon deutlich, dass Fritz Haber kein reiner Chemiker war, denn er beschäftigte sich hauptsächlich auf dem Gebiet der physikalischen Chemie.

1901 heiratete er seine Verlobte Clara Immerwahr, welche ebenfalls eine kluge Wissenschaftlerin war.

Seit dem Jahr 1903 beschäftigte sich Haber immer wieder mit dem Problem der Herstellung von Ammoniak. Er konnte sich bei seinen Arbeiten oft auf Ergebnisse von anderen Wissenschaftlern stützen. Das Problem lag nicht darin, dass man nicht wußte wie Ammoniak hergestellt werden sollte, das Problem war die

---

[4] Vgl. Szöllösi – Janze, Margit: Fritz Haber 1868 – 1934: Eine Biographie. München, 1998, S. 45-48.
[5] Vgl. Szöllösi – Janze: Haber, S. 58 – 64.
[6] Vgl. ebd., S. 97.
[7] Vgl. Stoltzenberg: Haber, S. 49 ff.
[8] Vgl. Haber, Fritz: Thermodynamik technischer Gasreaktionen: Sieben Vorträge. München 1905.

Umsetzung. Die chemische Industrie zeigte Interesse an den Arbeiten Habers, und so konnte Haber mit finanzieller und materieller Unterstützung eine Möglichkeit zur Stickstoffbindung finden. Die Synthese von Stickstoff und Wasserstoff zu Ammoniak war gefunden (1908).

1911 verläßt Fritz Haber Karlsruhe, da er zum Leiter des vorher gegründeten Kaiser – Wilhelm – Instituts berufen wird.

Fritz Haber hatte eine sehr konservative und deutschnationale Einstellung, er war aus tiefstem Herzen Untertan im Kaiserreich und so war es für ihn selbstverständlich, dass er sich zu Beginn des Ersten Weltkrieges als Freiwilliger meldete[9]. Er stellte seine Arbeit der Obersten Heeresleitung zur Verfügung. Da man keinen 46 – jährigen Vizefeldwebel der Artillerie benötigte, wurde Haber bis zum Jahresende 1914 als Fachmann in der Sprengstoffindustrie eingesetzt. Zu Beginn des Jahres 1915 beschäftigte sich Haber mit Gaskampfstoffen und deren Einsatz auf dem Gefechtsfeld. Sein Name ist maßgeblich mit der Entwicklung und Anwendung chemischer Kampfstoffe verbunden[10]. Er organisierte, leitete und führte den ersten deutschen Chlorgasangriff, am 22.4.1915 bei Ypern, erfolgreich durch. Aufgrund dieser „Erfolge" wurde Haber zum Hauptmann befördert und war nun doch noch Offizier geworden. Mit dieser Beförderung war er das Bindeglied zwischen Militär, Wissenschaft und Industrie und wurde somit der wichtigste Faktor im Gaskrieg. Auch persönliche Niederlagen, wie der Selbstmord seiner Frau[11], beeinträchtigten ihn nicht an Gaskampfstoffen weiterzuforschen. So entwickelte er u.a. die Gase Phosgen, Blausäure und LOST (Senfgas) mit, die an der Front auch zum Einsatz gebracht wurden.

Nach dem Krieg erhielt er 1919 den Nobelpreis in Chemie für die Entwicklung der Ammoniaksynthese.

Auch nach der Niederlage war er weiterhin im Dienste für das Vaterland tätig. Es galt die schwierige Reparationsfrage zu lösen und so forschte Haber an der Gewinnung von Gold aus dem Meerwasser. Aufgrund der schwierigen technischen Umsetzung und der fehlenden wirtschaftlichen Effizienz stellte er seine Forschungen nach fünf Jahren ein. Haber widmete sich auch der Reorganisation der deutschen Wissenschaft und knüpfte sehr viele Kontakte in das ehemals feindliche Ausland.

---

[9] Vgl. Szöllösi – Janze: Haber, S. 257.
[10] Vgl. ebd., S. 316 ff.
[11] Vgl. Stoltzenberg: Haber, S. 355.

Die Gründung des „Japan – Instituts" 1926, an der auch Fritz Haber maßgeblich

beteiligt war, führte zu sehr engen wissenschaftlichen und kulturellen

Beziehungen mit Japan.

Haber geriet aufgrund seiner jüdischen Abstammung, nach der Machtübernahme

der Nationalsozialisten 1933, unter politischen Druck und legte im Mai die

Leitung seines Instituts nieder. Nachdem er noch an der Universität von

Cambridge aufgenommen wurde, stirbt Fritz Haber, bereits schwer krank, am 29.

Januar 1934 auf einer Erholungsreise in Basel.

Nach seinem Tod verleugnen die Nationalsozialisten seine wissenschaftlichen

Leistungen weitgehend. Fritz Haber bleibt aber bis heute eine Person der

deutschen Geschichte, die immer wieder für Diskussionen sorgt, da er durch seine

Ammoniaksynthese sehr viel Gutes für die Menschheit hervorbrachte aber

aufgrund seiner führenden Stellung beim Einsatz und der Entwicklung von

Gaskampfstoffen sehr kritisiert wird.[12]

II. Die Ammoniaksynthese

Der Begriff Ammoniak leitet sich von Sal ammoniacum (Salz der Oase des

Gottes Ammon) ab. Die chemische Bezeichnung ist NH_3, was aussagt, dass ein

Ammoniakmolekül aus drei Teilen Wasserstoff und einem Teil Stickstoff besteht.

Ammoniak ist ein farbloser, stechend riechender, giftiger Stoff, der bei

Zimmertemperatur gasförmig ist. Dieses Gas verbrennt zu Stickstoff und Wasser,

ist unter Druck und Wärmeentziehung sehr leicht zu verflüssigen und läßt sich gut

in Wasser lösen. In Wasser gelöster Ammoniak wird umgangssprachlich auch

Salmiakgeist genannt.

Ammoniak entsteht bei der Fäulnis stickstoffhaltiger organischer Verbindungen

wie Eiweiß oder Harnstoff. Auch in der Atmosphäre bestimmter Planeten

(Jupiter) ist Ammoniak vorhanden. Im 19. Jahrhundert fiel das Gas als

Nebenprodukt bei der trockenen Destillation von Steinkohle an[13].

Die Besonderheit des Ammoniak ist, dass dieses Gas der Ausgangsstoff für die

---

[12] Vgl. www.usta.de/umag/0899/eltern.html.

[13] Vgl. Christen, Hans – Rudolf: Grundlagen der allgemeinen und anorganischen Chemie, 9.
Auflage, Frankfurt am Main 1988, S. 513.

meisten anderen Stickstoffverbindungen ist. Stickstoff ist zwar in unserer Atmosphäre zu 78 % vorhanden, kann aber in seiner elementaren Form und aufgrund seiner Reaktionsträgheit nicht genutzt werden. Die biochemische Bedeutung von Stickstoff ist enorm, da er Bestandteil von Proteinen, Chlorophyll, Nukleinsäuren, Aminosäuren und Hämoglobin ist. Weiterhin wird Ammoniak, der Stickstoff bindet, bei der Herstellung von 80 % der Düngemittel verwendet und stellt somit eine große Bedeutung für die Landwirtschaft dar. Ohne Stickstoff gäbe es kein Leben.

Fritz Haber beschäftigte sich ab 1903 mit der Gewinnung von Ammoniak aus den Elementen. Dass die Ausgangsstoffe für die Herstellung von Ammoniak die Elemente Stickstoff und Wasserstoff sein mußten, war Haber aufgrund von Forschungen anderer Wissenschaftler klar. Es galt aber einige entscheidende Hürden zu überwinden. Zum einen mußten Katalysatoren gefunden werden, die die Reaktionstemperatur herabsetzten und somit die Reaktionsgeschwindigkeit erhöhten, andererseits mußte ein Verfahren mit einer hochdruckfähigen Apparatur entwickelt werden[14]. Ziel war es nun ein Verfahren zu entwickeln, das wirtschaftlich und effizient umgesetzt werden konnte.

III. Exkurs: Katalysatoren

Katalysatoren sind chemische Stoffe / Verbindungen, die aufgrund der Bildung von Zwischenverbindungen reaktionsbeschleunigend wirken und somit die Reaktionsgeschwindigkeit verändern.

Zu Beginn des 20. Jahrhunderts ging man auch davon aus, dass Katalysatoren das chemische Gleichgewicht beeinflussen können[15]. Jene Annahme wurde aber im Laufe des Jahrhunderts widerlegt.

Es ist eine Eigenart der Katalysatoren, dass ein Stoff, der eine bestimmte Reaktion katalysiert, bei den meisten anderen Reaktionen wirkungslos ist. Wie ein Schlüssel nur zu einem bestimmten Schloß paßt, so wirk ein Katalysator nur auf bestimmte Reaktionen ein[16].

---

[14] Vgl. Szöllösi – Janze: Haber, S. 175 – 176.
[15] Vgl. Neumüller: Chemie – Lexikon, S. 2052.
[16] Vgl. Ammedick, Erich / Kadner, Heinz: Lehrbuch der Chemie für Fachhochschulen, 3.überarbeitete Auflage, Leipzig, 1983, S. 105.

Die Zusammensetzung eines Katalysators bleibt während der Reaktion unverändert. Eine kleine Menge davon genügt bereits, um die Umsetzung einer unbestimmt großen Menge der reagierenden Substanzen zu beeinflussen. Kein Katalysator kann eine Reaktion auslösen, die thermodynamisch nicht möglich ist, er kann lediglich die Reaktionsgeschwindigkeit erhöhen oder verringern. Verläuft eine Reaktion nur bei Gegenwart eines Katalysators, so bedeutet das, dass diese Reaktion ohne Katalysator innerhalb von vernünftigen Beobachtungszeiten nicht festgestellt werden kann. Wichtig ist, dass ein Katalysator die Geschwindigkeit der Einstellung des chemischen Gleichgewichts beeinflussen kann, die Gleichgewichtslage einer chemischen Reaktion aber nicht[17].

Da bei jeder Reaktion, die Wirtschaftlichkeit und Effizienz eine große Rolle spielen, ist anzumerken, daß Katalysatoren auch nach der Reaktion in unveränderter Form vorliegen. Man kann also Katalysatoren für sehr viele hintereinander stattfindende Prozesse, oft jahrelang, nutzen. Weiterhin setzen Katalysatoren die Aktivierungsenergie (Energie, die benötigt wird damit Ausgangsstoffe miteinander reagieren) herab, was ganz besonders bei großtechnischen Anlagen zu Energieeinsparungen führt oder eine praktische Umsetzung von chemischen Reaktionen ermöglicht.

Katalysatoren werden auch reaktionsverzögernd eingesetzt, sie wirken dann hemmend auf die Einstellung des chemischen Gleichgewichts, liegen aber nach der Reaktion trotzdem unverändert vor. Man spricht von sogenannten „negativen Katalysatoren".

Im Zusammenhang mit Katalysatoren ist der Name Alwin Mittasch (1869 – 1953) zu erwähnen, da jener beim Haber – Bosch – Verfahren den schweren Weg der Suche nach geeigneten Katalysatoren beschritten hat. In der Literatur findet man dazu verschiedene Angaben, es wird erwähnt, dass Mittasch zwischen 2500 und 20000 Elemente/Elementgemische nach günstigen Katalysatoreigenschaften untersucht hat.

Bei der Ammoniaksynthese werden sogenannte „heterogene Katalysatoren" benutzt. Dies sind Katalysatoren, die nicht den selben Aggregatzustand besitzen, wie die Ausgangsstoffe. Bei den heterogenen Katalysatoren erfolgt die Reaktion an der Oberfläche des Katalysators. Dabei werden bei der Ammoniaksynthese, die

---

[17] Vgl. Neumüller: Chemie – Lexikon, S. 2052.

Stickstoff - und Wasserstoffmoleküle, durch Adsorption, an der Katalysator - Oberfläche in einen aktiven und reaktionsbereiten Zustand versetzt. In jenem reagieren die Moleküle schneller als im gewöhnlichen, unaktivierten Zustand. Katalysator - Atome haben an ihrer Oberfläche aktive Zentren in Form von freien Valenzen oder Elektronendefekten, durch welche die Bindungen innerhalb der adsorbierten Wasserstoff – und Stickstoffmoleküle so stark gelockert werden, dass leicht Reaktionen stattfinden können[18]. Bei der Ammoniaksynthese reagieren dabei einzelne Stickstoff – und Wasserstoffatome miteinander. Diese Reaktion findet mehrere Male hintereinander statt und es entsteht eine neue Verbindung – Ammoniak.

IV. Der Weg zum Ziel

Fritz Haber wurde zu Beginn des 20. Jahrhunderts von anderen Wissenschaftlern (z.B. Ostwald) und Industriellen (z.B. Margulies) angeregt, sich mit dem Ammoniakgleichgewicht zu beschäftigen. Bei seinen Arbeiten wurde er finanziell und materiell großzügig von einer österreichischen Firma unterstützt. Im Jahre 1905 legte Haber seinen Auftraggebern ein Gutachten vor, welches sehr hoch honoriert wurde, da es die Herren Margulies abhielt, in die Herstellung und Entwicklung von Ammoniak aus den Elementen größere Geldmittel zu stecken. Das Gutachten brachte hervor, dass zum damaligen Zeitpunkt eine technische Herstellung von Ammoniak aufgrund von Unwirtschaftlichkeit und Uneffizienz für Firmen abwägig erschien.
Jedoch stellte Fritz Haber heraus, dass man Metalle finden müsse, die die Reaktion von Wasserstoff und Stickstoff zu Ammoniak fördern. Man begann mit der Suche nach geeigneten Katalysatoren. Um aber die maximale Ausbeute bestimmen zu können, mußte sich Haber mit dem Ammoniakgleichgewicht beschäftigen.
Aufgrund von Vorarbeiten anderer Wissenschaftler und eigenen Forschungen, war sich Haber vom positiven Einfluß von Druck und Temperatur bewußt. Dennoch arbeitete er bei seinen ersten Versuchen mit normalem Druck, da er so eine einfachere Versuchsanordnung nutzen konnte. Haber leitete das Stickstoff –

---

[18] Vgl.. Neumüller: Chemie – Lexikon, S. 2053.

Wasserstoffgemisch bei 1020 °C über Eisen (Katalysator). Als Heizraum dienten beidseitig glasierte Porzellanrohre, und der im austretenden Gasstrom enthaltene Ammoniak wurde maßanalytisch bestimmt. In ähnlicher Weise ließen Haber und seine Mitarbeiter Ammoniak durch die Apparatur strömen und erreichten somit von beiden Seiten das Gleichgewicht. So wurde das Ammoniakgleichgewicht zum ersten Mal quantitativ bestimmt. Die Ammoniakkonzentration betrug zwischen 0.00485 und 0.011%[19]. Die entscheidende Einsicht zum damaligen Zeitpunkt (1905) war, dass Eisen bei so hohen Temperaturen kein günstiger Katalysator war. Weiterhin wurde festgestellt, dass bei Normaldruck keine effizienten Ausbeuten erreicht werden konnten. Es mußte ein Katalysator gefunden werden, der schon bei „niedrigen" Temperaturen die Ausgangsstoffe in einen reaktionsbereiten Zustand versetzt. Es schien zu diesem Zeitpunkt keine Möglichkeit zu geben die aufgeworfenen Probleme zu lösen und so wurde das Thema zugunsten von anderen Forschungen fallen gelassen.

Ab 1906 kam es zu einem Konkurrenzforschen zwischen Walther Nernst und Fritz Haber. Nernst war der erste, der unter Druck Ammoniak aus den Elementen synthetisierte. Er stellte weiterhin fest, dass bei Habers Berechnungen zum Ammoniakgleichgewicht Fehler aufgetreten waren, die Nernst im Mai 1907 vor der Deutschen Bunsengesellschaft in Hamburg bekannt gab. Nernst wurde von Seiten der Industrie klargemacht, dass an eine nennenswerte Ammoniakproduktion bei hoher Temperatur und hohem Druck nicht zu denken sei. Daraufhin verlor er das Interesse. Fritz Haber fühlte sich durch Nernst verletzt und in seiner Ehre herabgewürdigt, dies erzeugte aber Ansporn und Haber forschte verbissen weiter. Er wollte eine Möglichkeit schaffen, die eine industriellen Anwendung der Ammoniaksynthese zuließ. Nach seinen Berechnungen konnte eine Ausbeute von 8% erreicht werden, wenn man bei 600°C und einem Druck von 200 Atmosphären die Reaktion stattfinden lässt. Aber das war die Theorie, die in die Praxis umgesetzt werden mußte. Die Hauptprobleme waren, einen effektiven Katalysator für „niedrige" Temperaturen zu finden und eine Apparatur zu entwickeln, die auch unter hohem Druck standhielt. Wenn diese Probleme gelöst werden können, dann kann der Weg einer industriellen Synthese von Ammoniak aus den Elementen und die Lösung der Stickstoff – Frage beschritten werden. Fritz Haber band sich im März 1908

---

[19] Vgl. Stoltzenberg: Haber, S. 152.

vertraglich an die BASF und hatte nun einen starken und finanzkräftigen Partner. Er und seine Mitarbeiter konnten sich ein neues Labor aufbauen und dort bei einer kleinen „Hochdruckabteilung" an verschiedenen Hochdruckapparaturen arbeiten und experimentieren. Aufgrund dieser idealen Bedingungen konnten auch Experimente und Forschungen hinsichtlich geeigneter Katalysatoren durchgeführt werden, man fand die Stoffe Osmium und Uran, die ideale Katalysatoreigenschaften hatten. Fritz Haber hatte nun eine hochdruckfähige Apparatur und die geeigneten Katalysatoren für die Herstellung von Ammoniak aus den Elementen gefunden. Habers hochdruckfähige Apparatur[20] bestand aus vier Hauptbestandteilen, einem Rohr mit Platinasbest, Trockenturm, Kontaktraum und Verflüssiger. Die Ausgangsstoffe, Stickstoff und Wasserstoff, wurden dem Rohr mit Platinasbest in elementarer Form zugeführt. Den Stickstoff erhielt Haber durch das „Linde – Verfahren"[21], bei dem die Luft verflüssigt wurde und so der Stickstoff von den restlichen Luftbestandteilen getrennt werden konnte. Der Wasserstoff wurde durch die Elektrolyse von Wasser gewonnen. Im Rohr mit Platinasbest wurden Spuren von Sauerstoff, die noch im Gasgemisch waren, in Wasser verwandelt. Danach ist dem Gasgemisch der Ausgangsstoffe im Trockenturm das Wasser entzogen worden, so dass jetzt nur noch die elementaren Ausgangsstoffe in den Kontaktraum gelangen konnten. Im Kontaktraum fand dann die eigentliche Reaktion statt, da dort die Ausgangsstoffe einer Temperatur von 550°C, einem Druck von 175 Atmosphären ausgesetzt wurden und mit dem Katalysator Osmium in Kontakt kamen. Stickstoff reagierte mit Wasserstoff unter Wärmeabgabe zu Ammoniak. Die Ausbeute betrug 8%. Das Ammoniakgas wurde nun in den Verflüssiger geleitet und dort abgekühlt, so dass Ammoniak in flüssiger Form vorlag. Die Ausgangsstoffe, welche nicht miteinander reagierten, wurden dem Kontaktraum wieder zugeführt und so effizient genutzt. Das Prinzip der Ammoniakhochdrucksynthese war im Frühjahr 1909 gefunden. Da man eine Ausbeute von 8% erhielt, wurde die Herstellung von Ammoniak für die chemische Industrie interessant und es konnte nun die großtechnische Umsetzung beginnen.

---

[20] Vgl. Neufeld, Sieghard: Chronologie Chemie 1800 – 1970, 1. Auflage, Weinheim 1977, S. 272-273.
[21] Vgl. Neumüller: Chemie – Lexikon, S. 2374.

V. Carl Bosch: Chemiker, Techniker und Industrieller[22]

Carl Bosch wurde am 27. August 1874 in Köln geboren. Schon als Kind sammelte Bosch im väterlichen Installationsgeschäft handwerkliche Erfahrungen und wurde so schon sehr früh väterlicherseits beeinflusst. So ist es nicht verwunderlich, dass er eine Ausbildung im Hüttenwerk Kotzenau begann. Von 1894 bis 1896 studierte er Maschinenbau und Hüttenwesen an der technischen Hochschule Charlottenburg. So wurde er in seinen ersten Berufsjahren vorrangig als Verfahrenstechniker und weniger als Chemiker geprägt. Dies sollte ihm später bei der Entwicklung des Haber-Bosch-Verfahrens noch sehr hilfreich sein. Nach seinem Technischen Studium folgte aber dann in den Jahren 1896 bis 1898 sein chemisches Studium in Leipzig. Abgeschlossen hat er sein Chemiestudium mit einer Promotion in organischer Chemie 1898. Ein Jahr später erhielt er eine Anstellung als Chemiker bei der „Badischen Anilin- und Soda-Fabrik" (BASF) in Ludwigshafen. Ergänzend zu seinen beruflichen und technischen Verpflichtungen widmete Bosch sich privat unterschiedlichen naturwissenschaftlichen Hobbys. Er hatte eine Vorliebe für Naturbeobachtungen und sein Mäzenatentum. Seine Kristall- und Insektensammlungen nahmen einen solchen Platz ein, dass er für sie ein nahe gelegenes Haus kaufte und einrichtete. Ab 1908 arbeitet Bosch an der technischen Durchführung, der von Fritz Haber entwickelten, den Stickstoff der Luft bindenden Ammoniaksynthese in einem katalytischen Verfahren. Daraus entstand später das Haber-Bosch-Verfahren. In den Kriegsjahren von 1914 bis 1918 gelang es Bosch, als Leiter der Stickstoffproduktion, die BASF zum Monopol auszubauen. Dies gelang vor allem auf der Grundlage des Haber-Bosch-Verfahrens und durch die Sicherung der wichtigsten Stickstoffaufträge bei der Obersten Heeresleitung. Zu diesem Zweck regte Bosch auch den Bau der Leuna-Werke an, welcher ab 1916 auch verwirklicht wurde. In dieser Zeit stieg Bosch zum stellvertretenden Direktor der BASF auf und wurde 1916 ordentliches Vorstandsmitglied. Bosch zeigte aber auch Engagement für die Vermarktung der erzeugten Stickstoffprodukte. Für ihn gehörte zur Entwicklung eines brauchbaren Düngesalzes auch dessen anwendungstechnische Prüfung in Feld- und

---

[22] Vgl. http://www.dhm.de/lemo/html/biografien/BoschCarl/.

Langzeitversuchen. Dafür gründete er 1914 eine landwirtschaftliche Versuchsstation auf dem ehemaligen Limburger Hof. Auf einer Gartenfreifläche wird das erhöhte Wachstum gedüngter Pflanzen dem normalen Wachstum ungedüngter Pflanzen gegenübergestellt. Dies stellte ein ersten Beitrag der chemischen Industrie zur Sicherstellung der Welternährung dar. 1919 gehört Bosch einer Gruppe von Sachverständigern an, die zu den Vorabsprachen für den Versailler Vertrag delegiert werden. Nach Abschluss des Vertrages erreicht er in Verhandlungen mit französischen Chemieindustriellen, dass die Pläne zur Zerschlagung der deutschen Chemieindustrie fallengelassen werden. Im selben Jahr wird Bosch noch Vorstandsvorsitzender der BASF. Ab 1922 lenkt Bosch, nach der Verlagerung der wichtigsten Forschungs- und Versuchsbetriebe der BASF nach Leuna, die Arbeit auf weitere Anwendungen katalytischer Hochdruckverfahren. Als Beispiel weiterer Betätigungsfelder sei die künstliche Benzinerzeugung durch Kohlehydrierung genannt, welche er sich 1923 zuwendet. Im Jahr 1925 wird die IG Farbenindustrie AG gegründet. Die BASF spielt in dieser der Rationalisierung dienenden Fusion von Chemieunternehmen eine führende Rolle. Bosch wird auch hier Vorstandsvorsitzender. Bosch hat das Ziel, ein Universalunternehmen der Chemie zu schaffen, das alle Möglichkeiten zur technischen Realisierung von Forschungsergebnissen hat. 1931 werden seine Bemühungen belohnt, und ihm wird der Chemie-Nobelpreis für die Entwicklung chemischer Hochdruckmethoden verliehen. Bosch erkennt nach der nationalsozialistischen Machtergreifung im Jahr 1933 neben der politischen auch die wirtschaftliche Isolierung Deutschlands. Dem entgegenzuwirken, versucht er die politische Führung zum Richtungswechsel zu bewegen jedoch ohne Erfolg. Doch aus Pflichtgefühl und um den Erhalt eines internationalen Gleichgewichts bemüht, setzt er in den Folgejahren seine Arbeit für Wissenschaft und Industrie fort. 1935 wird er Vorsitzender des Aufsichtsrates der IG Farben. Sein letzter Aufstieg erfolgt 1937, wo er Nachfolger von Max Planck als Präsident der Kaiser-Wilhelm-Gesellschaft wird. Am 26. April stirbt Carl Bosch in Heidelberg.

VI. Die Kernprobleme der großindustriellen Umsetzung und ihre Lösung[23]

Ammoniak ist Ausgangsstoff für die meisten Stickstoffverbindungen, die vor allem bei Kunstdünger eine Rolle spielen. Indirekt ist Ammoniak auch Rohstoff für alle Nitrate und organischen Nitroverbindungen. Ammoniakmengen fielen zwar anfangs des 20. Jahrhunderts bei Kokereien und Gasanstalten als Nebenprodukt bei der Entgasung der Steinkohle an, diese reichten aber nicht mehr aus. Haber hatte die Reaktionsbedingungen untersucht und stellte eine funktionierende Laboratoriumsapparatur her. Im Juli 1909 erfolgte die erfolgreiche Vorführung der Haberschen Ammoniaksynthese. Daraufhin erhielt Bosch von der BASF den Auftrag, dieses Verfahren in die Großtechnik zu übertragen. Viele Chemiker und Techniker dieser Zeit waren der Meinung, dass ein solches Verfahren mit diesen Anforderungen undurchführbar sei. Doch Bosch übernahm diese Aufgabe unbekümmert der Urteile anderer.

Bei der Überführung der Ammoniaksynthese in die Technik zum Zwecke der wirtschaftlichen Verwendung, standen drei Hauptprobleme im Vordergrund, deren Lösung unbedingt vorliegen musste, bevor man an den Bau einer Fabrikanlage herantreten konnte. Diese Probleme waren: Beschaffung der Rohstoffe Wasserstoff und Stickstoff, zu einem niedrigerem Preis als bis dahin möglich, ferner die Herstellung wirksamer und haltbarer Katalysatoren und der Bau der Apparatur an sich. Das dritte Problem bezüglich der Apparatur impliziert außerdem die Probleme der Beherrschung von hohen Drücken, hohen Temperaturen, die Erhaltung der mechanischen Festigkeit des Gerätematerials unter den Bedingungen des Reaktionsablaufs und der Kontrolle der Betriebsparameter durch Messeinrichtungen. Nach einer gewissen Zeit konnten die Probleme schrittweise unter hohen materiellen und personellen Aufwand gelöst werden. Für die Großfabrikation kam keines der damals bekannten Wasserstoffverfahren in Frage. Da man auf Kohle als Basis angewiesen war, kam nur als Quelle das Wassergas in Frage. Wasserstoff wurde durch ein von der BASF entwickeltes katalytisches Verfahren in großen Mengen hergestellt. Man leitete Wasserdampf über glühenden Koks. Im Wasserdampf war Wasser und im

---

[23] Vgl. Nobelpreisvortrag, gehalten in Stockholm den 21. Mai 1932 von Carl Bosch.

Koks Kohlenstoff enthalten. Diese Stoffe reagieren zu Wasserstoff und
Kohlenmonoxid. So hatte man den ersten Ausgangsstoff.[24] Die Gewinnung des
zweiten Ausgangsstoffes Stickstoff war wesentlich leichter. Den Stickstoff
gewann man aus der Luft, die etwa 78% Stickstoff gemischt mit etwa 21%
Sauerstoff enthält. Beim chemischen Verfahren leitet man Luft bei etwa 1000°C
über Koks. Der in der Luft enthaltene Sauerstoff verbindet sich mit dem
Kohlenstoff aus dem Koks zu Kohlenmonoxid. Außerdem entsteht noch der
gewünschte Stickstoff. Das hier entstandene Stickstoff-Kohlenmonoxid-Gemisch
nennt man Generatorgas.[25] Die Lösung des zweiten Problems war genauso
bedeutungsvoll. Die von Haber verwendeten Katalysatoren hatten entscheidende
Nachteile und waren für die großtechnische Produktion ungeeignet. Osmium war
schlecht zu handhaben, da es sich verflüchtigt, wenn es mit Luft in Berührung
kommt. Außerdem betrug der ganze Weltvorrat nur wenige Kilogramm. Uran war
zu teuer, zeigte sich außerordentlich sauerstoff- bzw. wasserempfindlich und war
nicht in eine für den Großbetrieb brauchbare Form zu bringen. Erst eine breit
angelegte Versuchsserie und schnell ausgebaute Versuchstechnik brachte einen
technisch einwandfreien, leicht zu handhabenden, widerstandsfähigen und billigen
Katalysator. Verwendung fand nun ein hauptsächlich aus Eisen bestehender
Katalysator. Es handelt sich um einen Katalysator neuen Typs, da dieser nicht aus
reinen Elementen besteht, sondern eine Mischung darstellt.
Die Lösung des dritten Problems, nämlich die Herstellung der Apparatur, stellte
einer der schwierigsten Aufgaben dar. Vorbilder in der Technik waren nicht
gegeben. Zuerst ging man an die Errichtung einer besonders angepassten
Werkstatt. Man baute zunächst eine Versuchsapparatur, deren wesentlicher,
wichtigster und interessantester Teil neben einer Umlaufpumpe und dem
Ammoniakabscheider ein Kontaktofen war. Die verwendeten Röhren hatten eine
Betriebsdauer von 80 Stunden, dann platzten sie. Bei der Untersuchung der
geplatzten Rohre zeigte sich, dass diese aufgerieben waren. Anscheinend hatte die
innere Wand durch irgend eine Änderung des Materials ihre Dehnung völlig
verloren. Die Änderung war fortgeschritten, bis schließlich der unversehrte Teil
zu dünn wurde und dem Innendruck nachgab. Nähere Aufklärung brachte eine
metallographische Untersuchung, ein damals in der chemischen Technik fast

---

[24] Vgl. Baumann, Kurt / Fricke, Heinz / Wissing, Heinz: Mehr wissen über Chemie, A bis H, Köln
1974, S. 86.
[25] Vgl. ebd., S. 86.

unbekanntes Untersuchungsverfahren. Der verwendete Stahl, der zunächst wegen seiner mechanischen Festigkeit allein in Frage kam, war durch Rissbildung zerstört. Der Stahl hielt dem Wasserstoff bei hohem Druck und hohen Temperaturen nicht stand, weil sich der Wasserstoff mit dem Kohlenstoff des Stahls zu gasförmigen Methan verband. Der Stahl wird praktisch entkohlt und verliert seine Festigkeit. Man ging davon aus, dass die Diffusion des Wasserstoffs in das Material nicht vermeidbar war. Die lang gesuchte Lösung bestand darin, dass ein drucktragender Stahlmantel inwendig mit einem dünneren Futter aus weichem Eisen versehen wird und zwar derartig, dass der durch das dünnere Futter tretende Wasserstoff , der allein diffundiert, Gelegenheit findet, drucklos zu entweichen, ehe er den äußeren Stahlmantel bei der hohen Temperatur angreifen kann. Erreicht wurde dies leicht, indem das Futterrohr außen beim Abdrehen Rillen erhält und der Stahlmantel mit vielen kleinen Durchbohrungen versehen wird, durch die der Wasserstoff frei austritt. Das dünnere Futter legt sich gleich zu Anfang unter dem hohen Innendruck fest an den Mantel an und kann später, wenn es spröde geworden ist, in keiner Weise mehr ausweichen, sodass auch keine Risse entstehen können.

Neben diesen Hauptproblemen gab es aber natürlich auch eine ganze Menge von kleineren zu bewältigenden Konstruktionsherausforderungen, welche nachfolgend im Überblick dargestellt werden. Bei der Konstruktion der Kontaktöfen musste beachtet werden, dass die durchgehenden Gasmengen gewaltig sind und die Wärmezufuhr immer am heißesten Punkt vor dem Kontakt erfolgen muss. Die Ökonomie des Verfahrens verlangte, dass die zur Aufheizung des Gasgemisches erforderliche Wärme weitgehend durch Austausch aus den abziehenden Gasen genommen werden musste. Außerdem musste beachtet werden, da der Wärmedurchgang durch den Ofenmantel ein Temperaturgefälle bedingt, dass dieses nicht so groß wird, da die Temperaturen so hoch sind, dass die mechanische Festigkeit des Stahls bereits bedenklich abnimmt. Anfangs wurde das Kontaktrohr von außen mit Gas beheizt. Doch diese beulten sich nach einer gewissen Zeit aufgrund des Druckes auf, rissen und eine Reihe von schweren Explosionen war die Folge. Die Lösung bestand darin, die Wärme von innen zuzuführen. Als man später zu immer größeren Betriebseinheiten überging, war es ab einer gewissen Dimension möglich, bei gutem Wärmeaustausch die Wärmeverluste durch die Reaktionswärme zu ersetzen. Das war ein großer

Fortschritt, denn nun konnte man während des Betriebes auf die dauernde Heizung verzichten. In dem Maße, wie die Konstruktion der Kontaktöfen Fortschritte machte, musste man auch die übrigen Teile der Hochdruckapparatur entwickeln. Große Sorgen bereiteten anfangs auch die Hochdruckkompressoren. Bis dahin kannte man nur Pressluftkompressoren in bescheidenen Dimensionen. Bei diesen Kompressoren kam es nicht auf Dichtigkeit und kurzen Betriebsausfällen an. Bei Wasserstoff und dem empfindlichen Kontaktbetrieb bedeutete aber Verlust von Wasserstoff Explosionsgefahr, Stillstände konnte die Kontaktapparatur nicht vertragen. Sämtliche Konstruktionen, die damals gebaut wurden, probierte man aus. Erst in jahrelanger Arbeit gelang es, 3000 PS Aggregate zu bauen, die 6 Monate mit Sicherheit ohne Störung liefen, um dann in regelmäßigen Abständen gereinigt zu werden. An dieser Stelle soll noch mal darauf hingewiesen werden, wie bedeutungsvoll für die Ammoniaksynthese ein völlig gleichmäßiger Betrieb ist. Die Störung an einer einzigen Stelle wirkt sich auf den ganzen Betrieb aus. Nach einer Störung dauert es Stunden, bis wieder alles in Ordnung ist. Die ganze Rentabilität des Verfahrens hängt vom gleichmäßigen und ungestörten Betrieb ab und es dauerte Jahre, bis dies erreicht wurde. Einen großen Beitrag dazu haben die neu entwickelten Kontrollinstrumente geleistet. Schon am Anfang hatte sich gezeigt, dass eine Verfolgung der Vorgänge in den Öfen nur mit laufender Registrierung möglich war. Die benötigten Apparate gab es aber nicht im Handel, sondern mussten erst konstruiert und ausprobiert werden. Neben der genauen Temperaturkontrolle an allen Stellen des Kontaktofens, die durch einfache Thermoelemente erfolgte, interessierte vor allem auch die Stärke des Gasstromes. Gemessen wurde dieser Gasstrom bei höchsten Drücken mit größter Genauigkeit von einer sogenannten Druckwaage. Weiterhin war für den Betrieb die Zusammensetzung des umlaufenden Gasstromes wichtig. Diese Kenntnis erhielt man von einem automatischen Dichteschreiber. Dieser dient zur Einstellung und Überwachung der Mischungsverhältnisse von Wasserstoff und anderen Gasgemischen sowie zur genauen Registrierung der Gasdichte. Sehr wichtig ist auch die Überwachung des Betriebes in Bezug auf einen eventuellen Gehalt des Gases an Sauerstoff, wegen der Gefahr von Explosion und der Heruntersetzung des Umsatzes. Im Verlauf der Arbeiten wurde eine physikalische Messtechnik geschaffen, die es gestattete, jeden einzelnen Fabrikationsabschnitt messend zu verfolgen. Der Aufbau einer so großen zusammenhängenden Apparatur mit vielen tausend Metern Rohrleitungen und Tausenden von Flanschen und Ventilen erfordert natürlich ein besonderes Studium. Da alles vor allem gasdicht sein muss, kommt auch kleineren Bauteilen eine besondere Bedeutung zu. Erwähnenswert ist diesbezüglich beispielsweise die Entwicklung zuverlässiger und robuster Dichtungen, die durch den hohen Druck nicht einfach herausgequetscht wurden. Aber es mussten auch Flanschverbindungen konstruiert werden, die auch bei einem Wechsel von Druck und Temperatur sicheren Verschluss gewährleisten. Einen hohen Grad an Sicherheit brachten neuentwickelte Schnellschlussventile und Rohrbruchventile. Von weiteren wichtigen Neukonstruktionen seien schließlich noch die Umlaufpumpen genannt. Die Erfahrungen, die bei diesen Arbeiten auf der Suche nach hochdruckbeständigen Rohren gemacht wurden, kamen der Stahlindustrie der gesamten Welt zugute.

VII. Die Ammoniaksynthese nach dem Haber-Bosch-Verfahren[26]

Im folgenden Teil soll die großtechnische Ammoniaksynthese nach dem Haber-Bosch-Verfahren im Überblick dargestellt werden. Durch die ständige Weiterentwicklung findet man verschiedene Darstellungen in der Literatur. Das hier beschriebene Verfahren orientiert sich an der Nobelpreisrede von Carl Bosch und an der in der Fußnote angegebenen Literatur.

Die Ausgangsstoffe für das Haber-Bosch-Verfahren, den reinen Wasserstoff und den reinen Stickstoff, gewinnt man aus Wassergas und Generatorgas. Im Wassergaserzeuger leitet man Wasserdampf, der den Wasserstoff enthält, über glühenden Koks, der Kohlenstoff enthält. Der Kohlenstoff bindet den Sauerstoff, der auch im Wasserdampf enthalten ist, und es entsteht neben den gesuchten Wasserstoff auch Kohlenmonoxid. Im Generatorgaserzeuger leitet man Luft bei etwa 1000°C über Koks. Der Kohlenstoff im Koks bindet den Sauerstoff der Luft, und es entsteht ein Gemisch aus Stickstoff und Kohlenmonoxid. Das Wassergas und das Generatorgas führt man einen Mischgasbehälter zu, wo die beiden Gase

---

[26] Vgl. Jander, Gerhart: Kurzes Lehrbuch der anorganischen und allgemeinen Chemie, 9. korrigierte Auflage, Berlin 1982, S. 223 f.

gemischt werden. Das Mischgas leitet man in den Wasserstoffkontaktofen, wo bei 500°C, einem Katalysator und gleichzeitiger Zufuhr von Wasserdampf das Kohlenmonoxid größten Teils in Kohlendioxid überführt wird. Das so entstandene Gasgemisch, das jetzt aus Wasserstoff, Stickstoff, Kohlendioxid und geringen Spuren von Kohlenmonoxid entsteht, wird auf 25 bar komprimiert. Bei diesem Druck wird das Kohlendioxid im Kohlendioxidwäscher quantitativ mit Wasser herausgewaschen. Danach überführt man das Gas in den Kohlenmonoxidreiniger. Hier wird der Druck wieder auf 200 bar erhöht, und die letzten Reste von Kohlenmonoxid werden durch Absorption mit einer Kupfer(I)-chloridlösung entfernt. Dabei bildet sich eine komplexe Verbindung zwischen Kupferchlorid und Kohlenstoff, die durch Erhitzen wieder gelöst werden kann und somit eine Regeneration der Kupferlauge ermöglicht wird. Das Stickstoff-Wasserstoff-Gemisch leitet man nun in den Ammoniakkontaktofen, in dem sich der eisenhaltige Katalysator befindet. Ein Kontaktofen besteht aus einem senkrecht stehenden, 12 m langen Rohr mit einem Durchmesser von ca. 120 cm. In seinem Innenraum ist die Kontaktmasse in mehreren Schichten übereinander angeordnet.[27] Unter Wärmeentwicklung bildet sich Ammoniak neben nicht umgesetzten Wasserstoff und Stickstoff. Reiner Ammoniak wird dann im Kühler durch Verflüssigung durch Kühlung gewonnen. Die Ausbeute beträgt bei einem Druck von 200 bar und einer Temperatur von 500°C ca. 17% der Ausgangsstoffe. Der unverbrauchte Wasserstoff und Stickstoff wird dem Kreislauf, nämlich dem Kontaktofen, wieder zugeführt.

C. Die weitere Entwicklung und Zusammenfassung[28]

Aus den Erfahrungen, die Bosch und seine Mitarbeiter beim Aufbau der Ammoniaksyntheseanlagen gemacht hatten, resultierte ein Vorsprung gegenüber anderen in- und ausländischen Konkurrenten, der ihnen bei zukünftigen Arbeiten zugute kam. Dieser Vorsprung trug auch mit dazu bei, dass die deutsche Großchemie, von der sich ein großer Teil unter der IG-Farben zusammenschloss,

---

[27] Vgl. Baumann, Kurt / Fricke, Heinz / Wissing, Heinz: Mehr wissen über Chemie, A bis H, Köln 1974, S. 85.
[28] Vgl. Stoltzenberg: Haber, S. 186ff.

auch nach dem verlorenen ersten Weltkrieg weiterhin an der Spitze der Weltchemiewirtschaft blieb. Nachdem im Jahr 1909 die erfolgreiche Vorführung der Ammoniaksynthese durch Haber stattfand, im selben Jahr noch Carl Bosch den Auftrag von der BASF erhielt, dies in die Großtechnik umzusetzen, wurde ein enormer Aufwand betrieben, dieses Verfahren zu entwickeln und zu optimieren. Zeitweise verwendete die BASF ihr gesamtes materielle und personelle Potential nur für diese Arbeit. Andere Projekte wurden verschoben oder sogar fallengelassen, um das Haber-Bosch-Verfahren voranzutreiben. Bosch konnte schon 1932 bei seiner Nobelpreisrede auf eine beeindruckende Bilanz und Entwicklung verweisen. Zum Beispiel war die Größenentwicklung der Ammoniaköfen rasant. 1910 betrug die Länge eines Ammoniakofens 1,8 m, der Durchmesser 146 mm und das Gewicht 0,3 t. 1915 war ein Ammoniakofen schon 12 m hoch, sein Durchmesser war auf 1080 mm angewachsen und sein Gewicht betrug nun 75 t. Ein weiteres Beispiel für diese Entwicklung ist die Leistung des großen Stickstoffofens. In den Jahren von 1917 bis 1921 produzierte dieser ca. 20 t Stickstoff pro Tag. Zwischen 1928 und 1931 waren es schon ca. 55 t Stickstoff pro Tag. Die Steigerung der Leistung des Ofens wurde erreicht durch Änderung der Konstruktion des Einsatzes, Verbesserung des Materials und Verbesserung der Gasreinigung. Vorteile brachte auch eine Verminderung des Stahlgewichtes bei gleicher Stickstofferzeugung. Deshalb begann man schon 1913 das Gewicht des Stickstoffofens von 27 t auf 1,8 t im Jahr 1927 zu reduzieren. Die Verminderung des Stahlgewichtes bei gleicher Stickstofferzeugung wurde ebenfalls erreicht durch bessere Konstruktion, besseres Material der Einsätze und bessere Gasreinigung.

Obwohl bis in die Gegenwart an geeigneten Katalysatoren geforscht wurde, war es nicht möglich, einen wesentlich besseren Mischkatalysator zu finden als denjenigen, den Mittasch 1910 gefunden hatte. In der Größe und Ausstattung der Ammoniakanlagen hat sich aber in den letzten Jahrzehnten ein großer Wandel vollzogen. Vor allem der Wechsel zu anderen Ausgangsstoffen hat das Bild der Ammoniakanlagen wesentlich verändert. In den letzten 15 Jahren erwies sich Erdgas als billigstes Ausgangsprodukt und fast alle großen Ammoniakanlagen der westlichen Welt arbeiten auf dieser Basis. Die Umwandlung des Erdgases in wasserstoffhaltiges Gas erfolgt durch das Dampf-Reforming-Verfahren, das durch die BASF in den zwanziger Jahren entwickelt wurde. Aufgrund der Verwendung von Erdgas konnte auch der Energiehaushalt wesentlich rationalisiert werden. Der Energieaufwand pro Tonne Ammoniak liegt bei Kohle als Ausgangsprodukt bei etwa 90 GJ, während er bei Erdgas nur bei ca. 30 GJ liegt. Die jüngste technologische Entwicklung auf diesem Gebiet ist eine Einstromanlage mit einer Kapazität von 2000 Tonnen Ammoniak pro Tag, das heißt eine Anlage, bei der alle Stufen, vom Eintritt der Ausgangsstoffe bis zur wirklichen Ammoniaksynthese, aus nur einem einzigen Aggregat besteht. Heute verwendete Messgeräte arbeiten nach anderen Prinzipien und sind selbstverständlich auch erheblich genauer. Trotz der großen Anzahl der durchgeführten Untersuchungen ist die Entwicklung der Ammoniaksynthese eine noch nicht beendete Geschichte. Das überwiegende Motiv dieser industriellen Entwicklung war, dem Hunger in der Welt entgegenwirken zu wollen. Dass es auch andere Gründe gab, sollte sich besonders während des ersten Weltkrieges zeigen. Doch vorherrschend war von Anfang an das Ziel, Düngemittel zu produzieren und den Bodenertrag zu erhöhen. 90% aller Düngemittel werden heute aus Ammoniak gewonnen. Außerdem ist Ammoniak in der Chemie ein wichtiges Zwischenprodukt. Aus Ammoniak kann man zum Beispiel Salpetersäure herstellen, welche man wiederum für synthetische Fasern, Kunststoffe, Klebemittel, Arzneimittel oder Sprengstoffe braucht. Ammoniak ist auch ein Zwischenprodukt für Harnstoff. Aus Harnstoff macht man Textilien, Kunststoffe oder Futtermittel. Die Betrachtung der Bedeutung und Entwicklung der Haberschen Ammoniaksynthese bis zur Gegenwart soll nicht abgeschlossen werden, ohne auf die Probleme, die in der jüngsten Zeit aufgetreten sind, hinzuweisen. Trotz aller Bemühungen bleibt das Haber-Bosch-Verfahren energieintensiv und verbraucht fossile Brennstoffe, die immer teurer werden. Das Haber-Bosch-Verfahren ist kapitalintensiv und technisch anspruchsvoll. Der Hauptbedarf an verstärkten Stickstoffeinsatz besteht aber gerade in den unterentwickelten Ländern. Die erzeugten Stickstoffdüngemittel werden durch Einwirkung von Bakterien im Boden schnell zu Nitrat umgewandelt. Nitrat wird im Boden nicht gebunden und deshalb ausgeschwemmt, was zu erheblichen Umweltproblemen führt. Angesichts solcher Probleme scheint es unwahrscheinlich, dass ein massiv erhöhter Einsatz von Stickstoffdünger die einzige Antwort auf die Ernährungsprobleme der Welt sein kann.

Literaturverzeichnis

Ammedick, Erich / Kadner, Heinz: Lehrbuch der Chemie für Fachhochschulen, 3.überarbeitete Auflage, Leipzig, 1983.

Baumann, Kurt / Fricke, Heinz / Wissing, Heinz: Mehr wissen über Chemie, A bis H, Köln 1974.

Christen, Hans – Rudolf: Grundlagen der allgemeinen und anorganischen Chemie, 9. Auflage, Frankfurt am Main 1988.

Gutmann, Viktor: Anorganische Chemie, 3. Völlig neu bearbeitete Auflage, Weinheim 1982.

Jander, Gerhart: Kurzes Lehrbuch der anorganischen und allgemeinen Chemie, 9. korrigierte Auflage, Berlin 1982.

Neufeld, Sieghard: Chronologie Chemie 1800 – 1970, 1. Auflage, Weinheim 1977.

Neumüller, Otto – Albrecht: Römpps Chemie – Lexikon H – L. Bd. 3, 8. neubearbeitete und erweiterte Auflage, Stuttgart 1983.

Stoltzenberg, Dietrich: Fritz Haber. Chemiker, Nobelpreisträger, Deutscher, Jude, Weinheim 1994.

Szöllösi – Janze, Margit: Fritz Haber 1868 – 1934. Eine Biographie, München 1998.

Welsch, F.: Geschichte der chemischen Industrie. Abriß der Entwicklung ausgewählter Zweige der chemischen Industrie von 1800 bis zur Gegenwart, Berlin 1981.

Nobelvortrag von Fritz Haber, gehalten in Stockholm am 2. Juni 1920
Nobelvortrag von Carl Bosch, gehalten in Stockholm am 21. Mai 1932

Internetverzeichnis

http://www.chemlin.de

http://www.nobel.se

http://www.chemie.de

http://www.museum.villa-bosch.de

http://www.chemieonline.de

http://www.seilnacht.tuttlingen.com/Lexikon/HaberBo.htm

http://www.dhm.de/lemo/html/biografien/HaberFritz/

http://www.manske.virtualave.net/oc/anderes/haber-bosch.htm

http://www.ethz.ch/overview/nobelprize/people/f-haber-de.html

http://www.rwth-aachen.de/iac/Ww/grundstudium.html

http://www.einstein-website.de/haber.htm

http://www.chemieonline.de/archiv/archiv8.html

http./www.dc2.uni-bielefeld.de/dc2/wsu-grund/kap_12.htm

http://www.uni-bayreuth.de/departments/didaktikchemie/umat/katalyse1/
katalyse.htm